MEIKE BOSCH

Wildkräuter am Blatt erkennen

66 ESSBARE UND GIFTIGE ARTEN

KOSMOS

Fortsetzung auf der hinteren Umschlagklappe

INHALT

SO FUNKTIONIERT DIESES BUCH

Die meisten Bestimmungsbücher setzen auf die Blüten zur genauen Identifizierung der Pflanzen. Da aber bei einigen Kräutern die Blätter schon oder nur vor der Blüte nutzbar sind, ist es unabdingbar, sie auch an den Blättern zu erkennen. Pflücken Sie ein Blatt der in Frage kommenden Pflanze und bestimmen Sie mithilfe der folgenden Seiten ganz einfach seine Form und die Beschaffenheit des Blattrandes. Es wird in vier Gruppen nach den Blatträndern bzw. der Blattform unterschieden:

- ganzrandige Blätter
- nicht ganzrandige Blätter
- tief eingeschnittene Blätter
- zusammengesetzte Blätter

Innerhalb dieser Gruppen sind die Blätter nach Größe sortiert. Diese können Sie mit dem auf der Klappe abgebildeten Maßstab messen. Dort finden Sie auch noch einmal alle Blätter in der

Deutscher Artname

Wissenschaftlicher Artname

Deutscher Familienname

Diese Teile der Pflanze können in diesem Zeitraum gesammelt werden.

Am lebensgroßen Blatt werden alle wichtigen Merkmale direkt gezeigt.

Die Zusatzfotos zeigen weitere Aspekte wie z. B. die Verwendung in der Küche, weitere Details der Art oder den Standort der Pflanze.

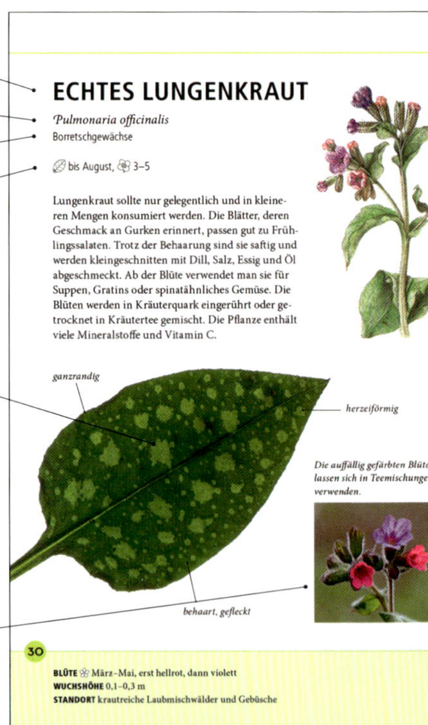
ECHTES LUNGENKRAUT

Pulmonaria officinalis

Borretschgewächse

bis August, 3–5

Lungenkraut sollte nur gelegentlich und in kleineren Mengen konsumiert werden. Die Blätter, deren Geschmack an Gurken erinnert, passen gut zu Frühlingssalaten. Trotz der Behaarung sind sie saftig und werden kleingeschnitten mit Dill, Salz, Essig und Öl abgeschmeckt. Ab der Blüte verwendet man sie für Suppen, Gratins oder spinatähnliches Gemüse. Die Blüten werden in Kräuterquark eingerührt oder getrocknet in Kräutertee gemischt. Die Pflanze enthält viele Mineralstoffe und Vitamin C.

Die auffällig gefärbten Blüten lassen sich in Teemischungen verwenden.

30

BLÜTE März–Mai, erst hellrot, dann violett
WUCHSHÖHE 0,1–0,3 m
STANDORT krautreiche Laubmischwälder und Gebüsche

Übersicht mit Seitenverweis abgebildet. Kleine Blätter finden sich innerhalb der Gruppe vorne, große Blätter weiter hinten. Die Größe der Blätter variiert stark und ist von vielen Faktoren abhängig, wie zum Beispiel der Jahreszeit oder dem Standort. Deshalb ist es wichtig, das Blatt auf die Seite mit der Artbeschreibung zu legen und den Blattrand genau zu vergleichen.
Die Seite bzw. Doppelseite mit der Beschreibung der Arten ist immer gleich aufgebaut: Oben finden Sie den deutschen sowie den wissenschaftlichen Artnamen und den deutschen Familiennamen. Dieser verweist auf die Verwandtschaft mit anderen Pflanzen. Der Text beschreibt kurz, wofür welche Pflanzenteile in der Küche verwendet werden können und geht auf Inhaltsstoffe und mögliche Verwechslungsgefahren ein.

Die Illustrationen sollen Ihnen nochmal eine Möglichkeit geben, die ganze Pflanze mit der im Buch zu vergleichen. Hierbei sind als Details, die Wuchsform, die Stellung der Blätter und die Farbe und Anordnung der Blüten wichtig. Die kleinen Zusatzfotos zeigen Details, die Pflanze am Standort oder auch Ideen aus der Küche.

Blatt ganzrandig

GEWÖHNLICHER GILBWEIDERICH

Lysimachia vulgaris
Primelgewächse

4, 6–8

Junge Blätter werden im Frühjahr für Suppen, als Spinat oder abgekocht im Kräuterquark verwendet. Ihr Geschmack erinnert an rauen Feldsalat. Sie eignen sich zusammen mit anderen Kräutern auch gut als Füllung für Teigtaschen. Die Blüten streut man zusammen mit andersfarbigen Wildblüten als essbare Dekoration über pikante Brotaufstriche oder nutzt sie als Farbtupfer im Kräutersalz oder Salat. Werden die Triebe mit der Presse entsaftet, eignet sich der so erhaltene Saft gut als Dressing für Obstsalat.

Der Gilbweiderich ist auch zuweilen am Gartenteich zu finden.

31

BLÜTE Juni–August, goldgelb, am Grund rötlich
WUCHSHÖHE 0,5–1,5 m
STANDORT Bruchwälder, Sumpfgebüsche, feuchte Wälder, Bachsäume, Feuchtwiesen

Jede Blattgruppe hat ihre eigene Farbe, die sich auch in der Infoleiste wiederholt.

Der Fließtext erklärt die Verwendung in der Küche und geht auf Inhaltsstoffe ein.

Die Illustration zeigt die Pflanze in blühendem Zustand.

In der Infoleiste sind weitere Fakten zu Blüte, Wuchshöhe und Standort kurz zusammengefasst.

BOTANISCHE FACHBEGRIFFE

Damit Sie dieses Buch sinnvoll nutzen können, ist es notwendig, einige wenige botanische Fachbegriffe zu kennen. Die sind aber schnell und leicht zu verstehen, wir erklären sie hier anhand von Zeichnungen.

Aufbau eines Blattes

Das einzelne Blatt gliedert sich in die Blattspreite – also die Blattfläche – und den Blattstiel, mit dem das Blatt angewachsen ist. Auf der Spreite erkennt man feine Linien, die als Nerven oder Adern bezeichnet werden.

Blattformen

Da die Größe der Blätter bei Kräutern sehr variabel ist, ist in diesem Buch vor allem die Blattform und Beschaffenheit des Blattrandes wichtig. Die Ausprägung des Blattrandes haben wir anhand von Illustrationen dargestellt. Bei der Form wird vor allem in ungeteilte und geteilte Blätter unterschieden. Da bei allen Zeichnungen eine Beispielart angegeben ist, werden Sie schnell erkennen, wie dieser Fachbegriff zu verstehen ist.

GANZRANDIGE BLÄTTER

In dieser Gruppe finden Sie alle Blätter, deren Rand glatt oder maximal gewellt ist. Dazu gehören z. B.:

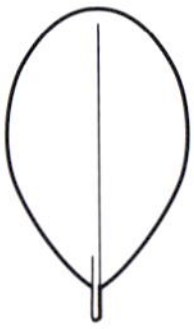

Ganzrandig: Der Rand des Blattes ist glatt, z. B. Bärlauch Seite 36.

Gewellt: Der Blattrand hat leichte Wellen, z. B. Borretsch Seite 38.

NICHT GANZRANDIGE BLÄTTER

Die Blätter dieser Pflanzen haben unterschiedlich strukturierte Blattränder, die aber nie sehr tief eingeschnitten sind.

Gekerbt: Der Rand ist nach außen hin eher rundlich, die Einschnitte sind spitz, z. B. Veilchen S. 47.

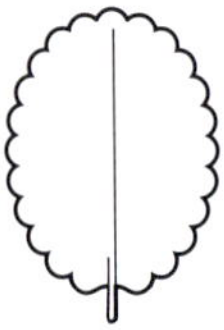

Gesägt: Sowohl der Rand nach außen als auch die Einschnitte sind spitz, z. B. Brennnessel Seite 56.

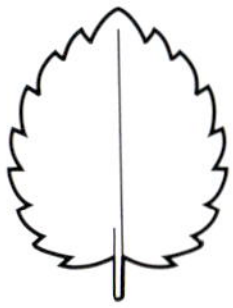

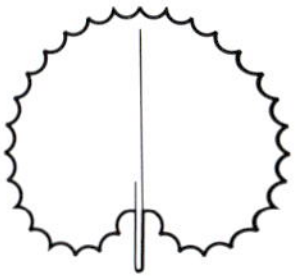

Gezähnt: Der Rand hat scharfe Spitzen, die Einschnitte sind eher rundlich, z. B. Franzosenkraut Seite 51.

TIEF EINGESCHNITTENE BLÄTTER

Die Blätter haben tiefe Einschnitte, die oft bis zur Mitte der Blattspreite oder tiefer reichen.

Schrotsägeförmig: Der Blattrand ist unregelmäßig tief eingeschnitten, z. B. Löwenzahn Seite 70.

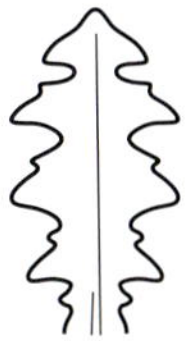

Handförmig: Die Form des Blattes erinnert an eine Hand mit Fingern, z. B. Hopfen Seite 66.

ZUSAMMENGESETZTE BLÄTTER

Zusammengesetzte Blätter sehen aus, als säßen mehrere kleine Blätter an einem Stiel. Tatsächlich handelt es sich dabei aber immer noch um ein einzelnes Blatt.

Gefiedert: Die Einzelblättchen stehen sich jeweils paarweise gegenüber, steht noch ein einzelnes Blättchen am Ende, so spricht man von „unpaarig gefiedert", z. B. Mädesüß Seite 88.

Dreizählig: Das typische Kleeblatt (Seite 73) sieht aus, als stünden drei einzelne Blättchen am Ende eines Stiels.

Mehrfach gefiedert: Das Blatt fächert sich immer weiter in immer feinere Teile auf, z. B. Schafgarbe Seite 83.

Blattnervatur

Hält man ein Blatt gegen das Licht, kann man feine Linien erkennen, die Blattadern oder -nerven, die ähnlich wie unsere Adern dem Stofftransport im Blatt dienen. Jede Pflanzenart hat ihr eigenes „Adermuster", das ein wichtiges Bestimmungsmerkmal sein kann.

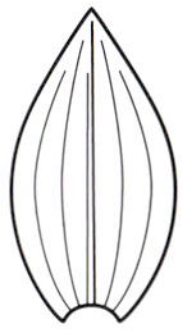

Parallelnervig: Viele gleich dicke Adern verlaufen ohne Verzweigung nebeneinander, z. B. Bärlauch Seite 36.

Fiedernervig: Von einer Hauptader in der Mitte gehen rechts und links die Seitenadern ab, z. B. Borretsch Seite 38.

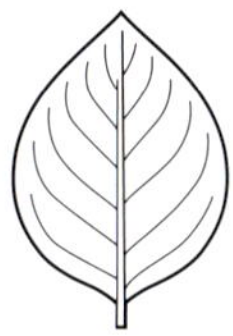

Netznervig: Zwischen den Hauptadern verzweigt sich ein Netz feiner Seitenadern, z. B. Teufelskralle Seite 54.

Essbare Wildkräuter

ECHTER THYMIAN

Thymus vulgaris
Lippenblütler

ganzjährig, 5–10

Die Blüten sind etwas milder im Geschmack als die Blätter. Zarte Triebspitzen nutzt man von März bis Mai für Salatdressings. Blättchen und Blüten verfeinern auch Suppen und Gemüsegerichte. Man sollte sie erst am Schluss zugeben, damit sich die ätherischen Öle nicht verflüchtigen. Frisch oder getrocknet wird Thymian als Gewürz zu Geflügel, Schweinefleisch und Nudelgerichten verwendet. Die Blüten können zum Aromatisieren von Speiseöl oder als essbare Dekoration über Kräuterquark oder auf Brotaufstriche gestreut werden.

Thymian gedeiht auch gut im Topf auf dem Balkon.

BLÜTE Mai–Oktober, hell- bis dunkelpurpurn
WUCHSHÖHE 0,2–0,4 m
STANDORT Sandtrockenrasen, Magerrasen, Kulturpflanze, Gewürz- und Arzneipflanze

GEWÖHNLICHE VOGELMIERE

Stellaria media
Nelkengewächse

ganzjährig

Am üppigsten und saftigsten sind jene Pflanzen, die an feuchten, schattigen Stellen wachsen. Prüfen Sie sie vor der Ernte auf ihren Geschmack, der stark variieren kann und mild maisartig sein sollte. Verwenden Sie nur die jungen Triebspitzen. Vogelmiere ist eine gute Grundlage für Salate oder Brotaufstriche. Sie schmeckt in Kombination mit Joghurt und Creme fraîche. Der Vitamine wegen sollte sie in Suppen oder Gemüsegerichten nicht mitgekocht, sondern erst zum Schluss roh dazugegeben werden.

Vogelmiere kann man in vielen Wildkräuterrezepten einsetzen.

BLÜTE Januar–Dezember, weiß, Staubbeutel rot- oder grauviolett
WUCHSHÖHE 0,03–0,4 m
STANDORT frische, nährstoffreiche und meist stickstoffreiche Äcker, Gärten

SCHARBOCKSKRAUT

Ranunculus ficaria
Hahnenfußgewächse

3–4, 3–5, 3–5

Das Scharbockskraut ist eines der ersten frischen Kräuter im Jahr. Seine glänzenden Blätter werden gerne als vitaminreiche Salatbeigabe genutzt. Sie schmecken etwas säuerlich, was von dem hohen Vitamin-C-Gehalt herrührt. Deswegen wurden sie auch früher gegen Skorbut und Frühjahrsmüdigkeit eingesetzt. Die Pflanze, und hier vor allem der Wurzelstock, sollte frisch nicht in größeren Mengen verzehrt werden. Das Gleiche gilt für die Blätter nach der Blüte. Es können Reizungen der Schleimhäute auftreten.

Die Wurzelknollen wurden früher gegen Warzen eingesetzt.

BLÜTE März–Mai, gelb glänzend
WUCHSHÖHE 0,05–0,2 m
STANDORT Edellaubholz-reiche Wälder, Gebüsche, frische Waldsäume und Auwiesen

JOHANNISKRAUT, TÜPFEL-HARTHEU

Hypericum perforatum

Hartheugewächse

4–7, 6–8

Der Geschmack der Johanniskrautblätter ist dem Schwarztee ähnlich. Daher nutzt man sie auch als Gewürz in Tee, aber auch zum Würzen in Wein, Bier oder Kräuterölen. Junge Blätter und Triebspitzen, von März bis Mai geerntet, werden als Beigabe zu Salaten, Kräuterkartoffeln und Kräuterbutter oder -quark verwendet. Die Blüten können als Farbtupfer für Salate und Gemüsegerichte eingesetzt werden. Sie müssen vorsichtig abgeschnitten werden, damit sie nicht zerquetscht werden und sich dabei dunkelrot verfärben.

Ein Tee aus Johanniskraut wirkt stimmungsaufhellend.

BLÜTE Juni–August, gelb
WUCHSHÖHE 0,15–0,8 m
STANDORT Heiden, Wegränder, Böschungen, Gebüsche, Waldränder

KRIECHENDER GÜNSEL

Ajuga reptans
Lippenblütler

ganzjährig, 5–8

Die Blüten sind als Dekoration fein-herb im Geschmack. Dazu werden sie frisch z.B. über Bratkartoffeln gestreut. Die ganze Pflanze schmeckt eher bitter chicoréeartig und kann daher roh nur in geringen Mengen verzehrt werden. Hierzu wird sie kleingeschnitten und in Salate gegeben oder unter Kräuterquark gemischt. Warmen Gerichten wie Suppen, Eierspeisen, Pizza und Eintopf kann etwas mehr zugegeben werden. Günsel weist einen hohen Gerbstoffgehalt auf, der entzündungshemmend im Mund- und Rachenraum wirken kann.

Zeitig im Frühjahr ist nur die Blattrosette zu sehen.

BLÜTE Mai–August, blau oder rötlich, selten weiß
WUCHSHÖHE 0,07–0,3 m
STANDORT Grünlandgesellschaften, Laubwälder und Gebüsche, anspruchsvoll

GÄNSEBLÜMCHEN

Bellis perennis
Korbblütler

ganzjährig, 3–6, 8–9

Der Geschmack des Gänseblümchens erinnert etwas an Feldsalat und es wird auch so verwendet. Die jungen Blätter können aber auch zu Gemüsegerichten oder in einen Kräuterquark gegeben werden. Die Blütenknospen werden in Salaten gegessen oder wie Kapern eingelegt. Die offenen Blüten sind eine schöne, essbare Dekoration auf Salat oder Rohkost. Das Sammeln der kleinen Samen als Topping (roh oder geröstet) für Salate ist sehr aufwendig. Das Gänseblümchen ist reich an Kalium, Calcium und Eisen, Vitamin A und C.

Schmeckt Klein und Groß: Butterbrot mit Gänseblümchen.

BLÜTE Januar–November, Hauptblüte Ende März–Mitte Juni, weiß bis rötlich, Röhrenblüten gelb
WUCHSHÖHE 0,05–0,15 m
STANDORT frische, nährstoffreiche Fettwiesen und–weiden, Parkrasen

DOST

Origanum vulgare
Lippenblütler

3–9, 7–9

Der Dost ist eine aromatische Pflanze, die frisch oder getrocknet ein bekanntes Wildpflanzen-Gewürz der italienischen Küche darstellt. Er wird wie Majoran eingesetzt und schmeckt auch so ähnlich. Für Pizza, Kräuterbutter, Kräutersalz, als Gemüsegewürz, als Tee, in Bratlingen oder Kräuteröl wird der Dost verwendet. Die verholzten Triebe können von Juli bis September Rouladen würzen oder in Suppen mitgekocht werden. Der Dost hat einen hohen Gehalt an ätherischem Öl, das antimikrobiell wirkt.

Dost-Öl kann auch äußerlich gegen Muskelverspannungen angewendet werden.

BLÜTE Juli–September, hellpurpurn, selten weiß
WUCHSHÖHE 0,2–0,6 m
STANDORT Säume, Gebüsche, Trockenwälder und Halbtrockenrasen, anspruchsvoll

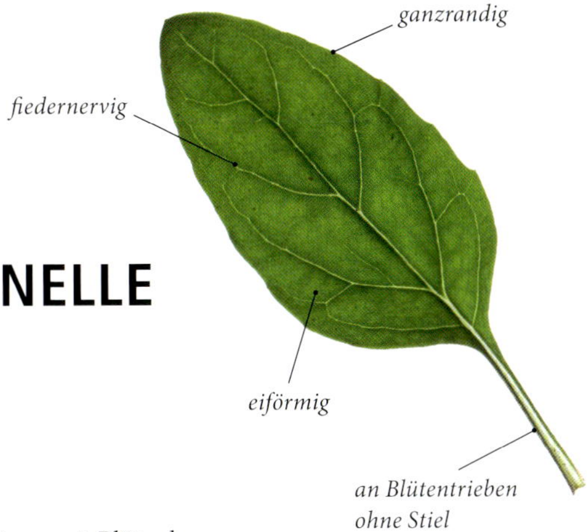

KLEINE BRAUNELLE

Prunella vulgaris
Lippenblütengewächse

4–5, 6–9

Die jungen Blätter und Triebspitzen mit Blütenknospen ergeben ein herbes Gewürz für Kräuterbutter und Salatsaucen. Feingeschnitten verwendet man sie roh auch als Brotbelag oder gekocht in Eintöpfen und Suppen. Früher nutzte man die getrockneten Blätter als Aroma in Kräuterlimonade. Die Blüten können als essbare Dekoration über vielen Speisen oder in Teemischungen eingesetzt werden. Die Gemeine Braunelle enthält reichlich Gerb- und Bitterstoffe und soll neueren Forschungen zufolge gegen Herpes wirksam sein.

In Rasenflächen wird die Braunelle oft nur wenige Zentimeter hoch

BLÜTE Juni–September, blauviolett, selten rötlich oder weiß
WUCHSHÖHE 0,05–0,3 m
STANDORT frische Wiesen und Weiden, Parkrasen

WALDMEISTER

Galium odoratum
Rötegewächse

4–6, 5–6

Von den Pflanzen werden die oberen drei bis vier Blattetagen gepflückt. Bevor man sie verarbeitet, die Blätter gut anwelken lassen, damit sich das volle Aroma entwickelt. Von den Blättern sollte man höchstens 3 Gramm pro Liter in Flüssigkeit einlegen, daraus lässt sich dann Sirup, Eis oder Bowle herstellen. Auch einfach in Apfelsaft eingelegt, erhält man ein erfrischendes Getränk. Beim Trocknen einen luftigen Platz wählen. Haben sich die Blätter schwarz verfärbt, dürfen sie nicht mehr verwendet werden.

in Quirlen, untere Blätter zu sechst, obere zu acht

Beim Trocknen sorgfältig evtl. schwarz gewordene Stängel aussortieren.

BLÜTE Mai–Juni, weiß
WUCHSHÖHE 0,15–0,3 m
STANDORT krautreiche Laubwälder, besonders Buchenwälder

Ein Wildkräutersalat mit Sauerampferblättchen ist reich an Vitamin C.

WIESEN-SAUERAMPFER

Rumex acetosa
Knöterichgewächse

3–10, 8–10

Die Blätter können als Aroma zu fetten Gerichten genutzt werden. Die Triebspitzen und knospigen Blütenstände werden in Linsen- und Tomatengerichten gekocht. Aus den Samen wird Tee bereitet oder sie werden im Winter als Keimlinge gegessen. Die Blattstiele sind am sauersten und ältere Blätter am bittersten. Sauerampfer sollte nur in geringen Mengen verzehrt werden, trotzdem wurde er schon immer in der Ernährung genutzt, nicht zuletzt auch wegen des reichlichen Gehalts an Vitamin C.
ACHTUNG Vor der Blütenentwicklung kann der Sauerampfer mit dem Gefleckten Aronstab verwechselt werden (siehe S. 97).

BLÜTE Mai–Juli, rötlich grün
WUCHSHÖHE 0,3–1,0 m
STANDORT frische, nährstoffreiche Wiesen, Weiden und Wegraine

ECHTES LUNGENKRAUT

Pulmonaria officinalis
Borretschgewächse

bis August, 3–5

Lungenkraut sollte nur gelegentlich und in kleineren Mengen konsumiert werden. Die Blätter, deren Geschmack an Gurken erinnert, passen gut zu Frühlingssalaten. Trotz der Behaarung sind sie saftig und werden kleingeschnitten mit Dill, Salz, Essig und Öl abgeschmeckt. Ab der Blüte verwendet man sie für Suppen, Gratins oder spinatähnliches Gemüse. Die Blüten werden in Kräuterquark eingerührt oder getrocknet in Kräutertee gemischt. Die Pflanze enthält viele Mineralstoffe und Vitamin C.

Die auffällig gefärbten Blüten lassen sich in Teemischungen verwenden.

BLÜTE März–Mai, erst hellrot, dann violett
WUCHSHÖHE 0,1–0,3 m
STANDORT krautreiche Laubmischwälder und Gebüsche

GEWÖHNLICHER GILBWEIDERICH

Lysimachia vulgaris
Primelgewächse

4, 6–8

Junge Blätter werden im Frühjahr für Suppen, als Spinat oder abgekocht im Kräuterquark verwendet. Ihr Geschmack erinnert an rauen Feldsalat. Sie eignen sich zusammen mit anderen Kräutern auch gut als Füllung für Teigtaschen. Die Blüten streut man zusammen mit andersfarbigen Wildblüten als essbare Dekoration über pikante Brotaufstriche oder nutzt sie als Farbtupfer im Kräutersalz oder Salat. Werden die Triebe mit der Presse entsaftet, eignet sich der so erhaltene Saft gut als Dressing für Obstsalat.

Der Gilbweiderich ist auch zuweilen am Gartenteich zu finden.

BLÜTE Juni–August, goldgelb, am Grund rötlich
WUCHSHÖHE 0,5–1,5 m
STANDORT Bruchwälder, Sumpfgebüsche, feuchte Wälder, Bachsäume, Feuchtwiesen

BREITWEGERICH

Plantago major

Wegerichgewächse

4–6, 6–10, 8–10

Die jungen Blätter zeichnen sich durch ein intensives Aroma nach Steinpilzen aus. Sie sollten sie aus der Mitte der Rosette ernten, solange die Blattnerven noch weich sind. Dann können sie hervorragend als Gewürz eingesetzt werden. Sie passen, fein geschnitten als Brotbelag, gut in der Kombination mit Löwenzahn und Schafgarbe. Man kann die Blätter auch spinatartig zubereiten oder entsaften. Die noch weichen, knospenden Blütenstände können im Salat gegessen oder in Öl eingelegt werden. Die Samen verfeinern Gemüsegerichte. Der ähnliche Mittelwegerich kann genau so verwendet werden.

BLÜTE Juni–Oktober, Staubblätter schmutzig gelb, Krone gelblich
WUCHSHÖHE 0,05–0,4 m
STANDORT frische Ruderalstellen, Trittstellen, Wegränder, Pflasterfugen, frische bis feuchte Äcker

SPITZWEGERICH

Plantago lanceolata
Wegerichgewächse

4–6, 5–9, 8–10

Die recht festen, nussig schmeckenden Blätter sollten jung geerntet und quer zu den Fasern geschnitten werden. Dann kann man sie als Grundlage verschiedener Gemüsegerichte oder Eierspeisen nutzen. Im Salat oder als essbare Dekoration z. B. als Brotbelag wird der Spitzwegerich häufig verwendet. Auch als Tee werden die Blätter eingesetzt. Die noch weichen, jungen Blütenstände und die Samen eignen sich roh zum Knabbern auf Wanderungen. Die Pflanze enthält viele Mineralien und reichlich Vitamin C und B.

Honig mit kleingeschnittenen, frischen Blättern hilft gegen Husten.

BLÜTE Mai–September, Staubblätter blassgelb, Krone bräunlich
WUCHSHÖHE 0,05–0,5 m
STANDORT frische Wiesen und Weiden, Wegränder

TAUBENKROPF-LEIMKRAUT

Silene vulgaris
Nelkengewächse

4–5, 6–9

Die ersten kurzen Triebe und Blätter, die noch zarte Stiele haben, können kleingeschnitten in Salat oder in Kräuterbutter gegeben werden. Im Laufe des Jahres wird der Geschmack des Leimkrauts immer bitterer. Als Bestandteil von Mischgemüse, oder spinatähnlich zubereitet, ist es im Sommer aber immer noch wohlschmeckend. Die einzelnen Blütenblätter haben eine schöne Form. Sie werden ausgezupft und dienen als essbare Dekoration über Salat oder Quark. Getrocknet kann man sie in Teemischungen geben.

Der aufgeblasene Blütenkelch hat der Pflanze ihren Namen gegeben.

BLÜTE Juni–September, weiß, Kelch grünlich weiß oder rötlich
WUCHSHÖHE 0,15–0,5 m
STANDORT Steinschuttfluren, Wegränder, Bahnanlagen

SCHNITTLAUCH

Allium schoenoprasum
Amaryllisgewächse

Frühjahr–Frühsommer, 6–8, ab Frühsommer

Alle Pflanzenteile sind scharf aromatisch, am intensivsten die Zwiebeln. Vor der Blüte werden die röhrenförmigen Blätter zu Kräuterkartoffeln, in Kräuterbutter und -quark sowie in Salaten und Rohkost verwendet. Sie eignen sich außerdem als Beigabe zu Kräutersalz und Pesto. Die Blütenknospen schmecken mit etwas Salz in Nussöl eingelegt vorzüglich. Sie können auch als essbare Dekoration auf Salate gestreut werden. Samen können unreif oder reif, frisch oder getrocknet, als scharfes Gewürz verwendet werden.

Brot mit Quark und frischem Schnittlauch – einfach, köstlich und gesund.

BLÜTE Juni–August, hellpurpurn mit dunklerem Streifen
WUCHSHÖHE 0,15–0,5 m
STANDORT feuchte Schotterhalden im Gebirge, steinige Flussufer, wechselfeuchte Wiesen

BÄRLAUCH

Allium ursinum
Amaryllisgewächse

bis April, auch Knospen, ab April, , im Herbst

Die Blätter riechen stark nach Knoblauch. Sie können vor der Blüte roh in Salate und Aufstriche gegeben werden. Gekocht, getrocknet oder eingefroren verliert Bärlauch sehr viel an Aroma, lässt sich aber in Öl eingelegt gut konservieren. Auch die Zwiebeln, im Herbst ausgegraben und in Olivenöl eingelegt, ergeben ein aromatisches Gewürzöl. Die Blütenknospen können wie Kapern in Essig eingelegt werden. Die unreifen Samen lassen sich wie grüner Pfeffer verwenden, die reifen müssen gemahlen werden.
ACHTUNG Verwechslungsgefahr vor der Blütenentwicklung mit Herbstzeitlose (siehe S. 100), Maiglöckchen (siehe S. 104) und Geflecktem Aronstab (siehe S. 97).

Bärlauch lässt sich auch gut im eigenen Garten anbauen.

BLÜTE Mai–Juni, reinweiß
WUCHSHÖHE 0,2–0,5 m
STANDORT Edellaubholz-reiche Wälder und Gebüsche

Die Blütenknospen sind von einer silbrig schimmernden Haut umgeben.

Auch in Essig eingelegt entfaltet Bärlauch seine appetitanregende Wirkung.

BORRETSCH, GURKENKRAUT

Borago officinalis
Borretschgewächse

4–8, 6–7

Seinen zweiten Namen Gurkenkraut trägt der Borretsch aufgrund seines unverwechselbaren Geschmacks: Seine Blätter schmecken deutlich nach frischen Gurken. Die Blätter und Triebspitzen werden kurz gebraten in Rührei als Würze genutzt oder in Saucen und Suppen. Kleingeschnitten im Salat, als Aroma in Wein und Limonade werden sie ebenfalls verwendet. Da die Blüten sehr schön gefärbt sind, eignen sie sich als auffällige, essbare Dekoration auf Salat oder Frischkäse, in Kräutersalz, -essig und -öl. Die Familie der Borretschgewächse ist auf Grund ihrer Inhaltsstoffe nicht ganz unproblematisch, deshalb wird empfohlen, nur geringe Mengen zu sich zu nehmen.

Einfach im Vorbeigehen mal eine Blüte naschen.

BLÜTE Juni–Juli, himmelblau, Schlundschuppen weiß, Staubblätter violett
WUCHSHÖHE 0,15–0,6 m
STANDORT Acker- und Gartenunkrautgesellschaften

Der Borretsch ist zwar einjährig, versamt sich aber im Garten. So kann man jedes Jahr ernten.

Im ersten Jahr bildet die Pflanze nur die Blattrosette aus.

Um ein Gramm des wertvollen Samenöls zu gewinnen, sind ungefähr 20 000 Samen nötig.

NACHTKERZE

Oenothera biennis
Nachtkerzengewächse

4–6 , 6–8, ab 9

Ab dem 17. Jhd. fand die Nachtkerze als Zierpflanze weite Verbreitung. Nachdem man entdeckt hatte, dass sie essbar ist, wurde sie oft als Gemüse angebaut. Die Blätter der Pflanzen, die noch nicht blühen, lassen sich, in feine Streifen geschnitten, in Salat, Kräuterbutter, Spinat, Suppen und Saucen verarbeiten. Die ersten Blütenstängel und die jungen, grünen Früchte kann man kurz anbraten und als Gemüse verwenden. Geschlossene Blütenknospen legt man wie Kapern oder in Öl als Antipasti ein. Sie können auch gemüseartig zubereitet werden. Die essbaren Blüten werden abends gesammelt, wenn sie aufgeblüht sind. Das aus den Samen gewonnene Öl enthält wichtige ungesättigte Fettsäuren.

BLÜTE Juni–August, hellgelb
WUCHSHÖHE 0,5–2,5 m
STANDORT trockene, sandige, kiesige Ruderalstellen, Sandtrockenrasen

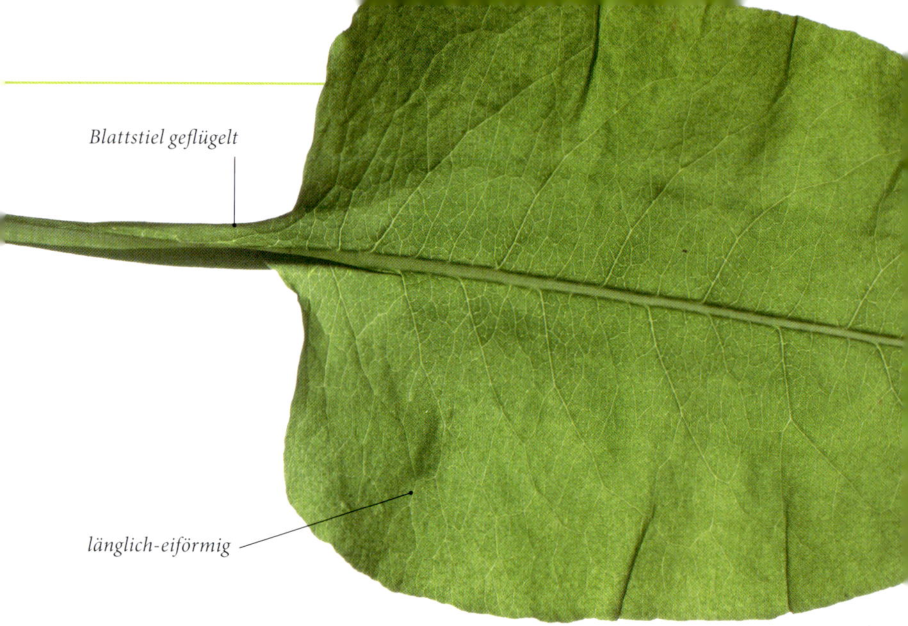

WIESENKNÖTERICH

Bistorta officinalis
Knöterichgewächse

4–8, 9–Winter

Die großen Blätter und Blattstängel sollten beim Ernten noch so weich sein, dass man sie mit den Fingern verreiben kann. Dann ist die säurereiche Pflanze gut als Gemüse oder Salatbeigabe. Die Blätter schmecken aber auch in Suppen oder Saucen. Die Wurzeln werden in feine Scheiben geschnitten und über Nacht in Wasser eingelegt. Dann genießt man sie als Gemüseauflauf. Man kann die Wurzel aber auch trocknen und vermahlen und erhält so ein Stärkemehl zum Backen. Die Wurzel enthält neben reichlich Gerbstoffen auch Vitamin C und Oxalsäure.

BLÜTE Mai–Juli, rötlich weiß
WUCHSHÖHE 0,3–1,0 m
STANDORT feuchte, nährstoffreichere Wiesen, Hochstaudenfluren

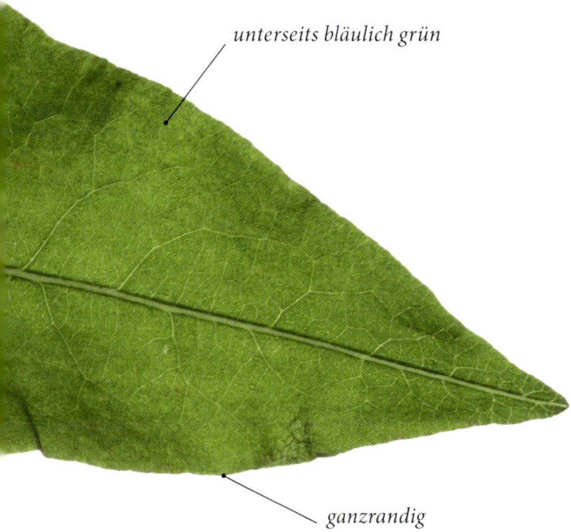

Auf gut gedüngten, feuchten Wiesen kann es zu großen Beständen des Wiesenknöterichs kommen.

SCHMALBLÄTTRIGES WEIDENRÖSCHEN

Epilobium angustifolium
Nachtkerzengewächse

4–7, 7–8, Frühjahr

Die Blüten und Blütenknospen können roh als Dekoration über den Salat oder warme Gerichte gestreut werden. Bei den anderen Pflanzenteilen empfiehlt es sich, sie über Nacht in Zitronensaft oder Essig einzulegen. Dann schmecken sie roh ähnlich wie Feldsalat, können aber auch fein geschnitten in Kräutermischungen oder Gemüsegerichten verwendet werden. Die getrockneten und gemahlenen Wurzeln wurden früher zum Eindicken von Saucen genutzt. Dazu wurden die Pflanzen in Polen kultiviert, wo sie auch wie Gemüse gegessen wurden.

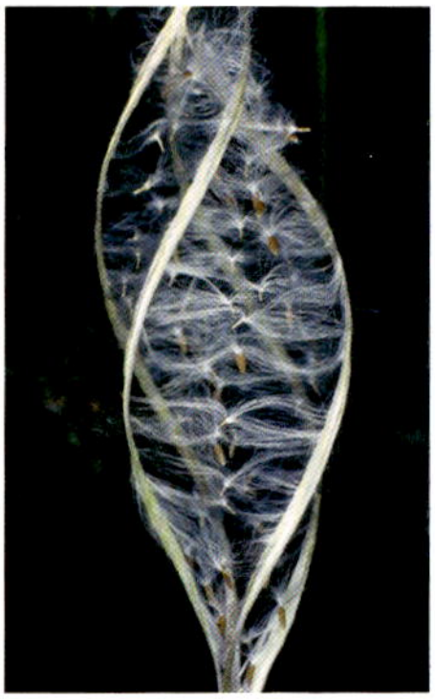

Der filigrane Fruchtstand gleicht nach dem Aufspringen einem Kunstwerk.

BLÜTE Juli–August, purpurrot
WUCHSHÖHE 0,6–1,2 m
STANDORT Waldschläge, Gebüsche, Nadelholzforste, subalpine Hochstaudenfluren

gewellt

Ruderalflächen und Trümmergrundstücke werden zuerst von Weidenröschen besiedelt.

GAMANDER-EHRENPREIS

Veronica chamaedrys
Wegerichgewächse

2–7, 5–7

Die jungen Blätter und Triebe des Ehrenpreis' sind sehr eiweißreich und können in Kräutermischungen verwendet werden. Getrocknete Blätter mischt man als Beigabe in Kräutersalz. Früher wurden sie als Tee aufgebrüht, der ähnlich wie Schwarztee schmeckt. Die milden Blütenknospen und bunten Blütenblätter dienen als essbare Dekoration auf Gemüsegerichten. Sie sind auch hübsch in Salaten oder im Aromazucker. Wenn sie vorsichtig mit einer Schere abgeschnitten werden, behalten sie auch getrocknet ihre Farbe.

In so einem großen Bestand fallen die blauen Blüten des Ehrenpreis sofort ins Auge.

BLÜTE Mai–Juli, blau bis violett
WUCHSHÖHE 0,1–0,4 m
STANDORT Wiesen, Hecken, lichte Wälder, frische bis trockene, humose Böden

WOHLRIECHENDES VEILCHEN

Viola odorata
Veilchengewächse

2–8, 3–4

Veilchenblätter ohne Stängel, mit oder ohne Triebspitzen, können verschiedenen Salaten zugegeben werden. Sie können auch als Beigabe für Gemüsegerichte oder für Kräutersaucen genutzt werden. Die Blüten und Blütenknospen werden roh gegessen. Man kann sie auch zu Veilchenzucker oder Veilchenessig verarbeiten. Sie werden mit Zuckerguss kandiert oder als Tee, Sirup oder Gelee zubereitet. Ihr Geschmack ist süßlich aromatisch. Der Duft ist leicht flüchtig, weshalb Erhitzen das Aroma verändert.

Veilchenzucker eignet sich zum Süßen von Desserts oder Gebäck.

Veilchenblüten werden zum Kandieren mit einer Zuckerlösung bepinselt.

BLÜTE März–April, dunkel violett, selten weiß oder rosa
WUCHSHÖHE 0,05–0,1 m
STANDORT Säume, Gebüsche

In Salz eingelegt sind Blätter und Blüten lange haltbar.

GUNDERMANN, GUNDELREBE

Glechoma hederacea
Lippenblütler

3–6, 4–6

Der Gundermann ist eine der ersten Pflanzen, die im Frühjahr gesammelt werden. Da die Blättchen sehr klein sind, werden sie als Beikraut mitgesammelt und als Würze in Eintöpfen und für Fleischspeisen (Lamm- und Ziegenfleisch) verwendet. Die jungen Blättchen können in Salate und Suppen gestreut werden oder sie werden zusammen mit den Blüten zum Würzen von Kräuterbutter und Frischkäse genutzt. Da die Pflanze viel ätherisches Öl enthält, wird sie als Aroma oder Gewürz eingesetzt, wie z. B. in Bier oder Tee.

BLÜTE April–Juni, blauviolett
WUCHSHÖHE 0,1–0,4 m
STANDORT Säume, Schläge, Gebüsche, krautreiche Laubwälder, Wiesen, anspruchsvoll

KNOBLAUCHSRAUKE

Alliaria petiolata
Kreuzblütler

4–6, 4–6, Ende 5–6, Herbst, Frühjahr

Die ganze Pflanze riecht nach Knoblauch, obwohl sie mit diesem nicht verwandt ist. Die aromatischen, jungen Blätter und Triebe nutzt man roh geschnitten als Gewürz für Kräuterbutter, Kräuterquark und Pesto. Die Blüten werden als essbare Dekoration und die Samen als Frischgewürz verwendet. Hierzu werden die Hülsen im Mörser zerstampft und das Mus mit Essig und Öl zu einer senfartigen Paste verrührt. Die Wurzel lässt sich reiben und mit Öl oder Sauerrahm vermischen. Das ergibt eine scharfe, meerrettichartige Würzpaste.

Knoblauchsraukenpesto – die würzige Alternative zum Klassiker mit Basilikum.

BLÜTE April–Juni, weiß
WUCHSHÖHE 0,2–1,0 m
STANDORT Säume, Gebüsche, Krautgesellschaften im Halbschatten

Kinder mögen es, aus den goldgelben Blüten den Nektar zu saugen.

GOLDNESSEL

Lamium galeobdolon
Lippenblütler

ab 2, 5–7, 6–8

Die frischen Triebe und zarten Blätter werden fast über die ganze Vegetationsperiode in Teemischungen eingesetzt. Sie sind weich behaart, was aber nicht störend ist. Auch die Triebspitzen mit Blüten sind eine sehr gute Grundlage für Salate und Rohkost, ebenso für Brotteig und in Kräuterbutter. Die Blätter mit ihrem pilzähnlichen Aroma lassen sich auch in Gemüselasagne oder als Beigabe zu Ziegenkäse nutzen. Die süßen Blüten eignen sich für Desserts. Die Samen werden im Winter gekeimt und die frischen Keimlinge dann für Salate verwendet.

BLÜTE Mai– Juli, gelb
WUCHSHÖHE 0,15–0,8 m
STANDORT krautreiche Laubwälder, Hochstaudengebüsche

ZOTTIGES FRANZOSENKRAUT

Galinsoga ciliata
Korbblütler

5–9, 5–9, 7–10

Wenn die Blätter, Triebspitzen und Blütenknospen noch zart sind, erinnert ihr milder, aromatischer Geschmack an frischen, grünen Salat. Außerdem schmecken sie auch als Zutat zu Eierspeisen, Saucen und Pesto. Das Kraut ist gut zu trocknen und dient dann als Suppengewürz. Die Samen können roh gegessen werden. Franzosenkraut ist reich an den Vitaminen A und C. Außerdem enthält es viel Eisen, Magnesium und sehr viel Mangan, das ein Bestandteil vieler Enzyme ist und eine wichtige Rolle im Stoffwechsel spielt.

Das Franzosenkraut ist auch unter dem Namen Knopfkraut bekannt.

BLÜTE Mai–Oktober, Zungenblüten weiß, Röhrenblüten gelb
WUCHSHÖHE 0,1–0,8 m
STANDORT sandige bis lehmige, oft stickstoffreichere Äcker, besonders Hackkulturen, Gärten, Weinberge

WEISSER GÄNSEFUSS

Chenopodium album
Fuchsschwanzgewächse

4–10, 8–11

Da die Pflanzen sehr unterschiedlich in ihrem Gehalt an Bitterstoffen sind, sollte man sie so früh wie möglich sammeln. Im April ist die ganze Pflanze noch zart genug für einen Salat oder als Rohkost. Blätter isst man im Frühjahr bis Frühsommer in Kräuterbutter, Gemüsesuppen, im Omelett und als Spinat. Knospige Blütenstände sind als Beigabe zu Bratlingen geeignet. Die reifen Samen sind getrocknet und vermahlen ein gutes Gewürz in Brotteig. Gänsefuß enthält etwa 18-mal so viel Vitamin C wie Kopfsalat.

Die Blätter sind als Spinat mit Tomaten und Feta eine Delikatesse.

BLÜTE Juli–Oktober, weißlich grün
WUCHSHÖHE 0,2–1,5 m
STANDORT trockene bis frische Ruderalstellen, Schutt, Wegränder, Äcker, Gärten

WIESENMARGERITE

Leucanthemum vulgare
Korbblütler

3–4, 7–8

Die jungen, milden Blätter aus den überwinternden Blattrosetten eignen sich als Beigabe zu Eierspeisen oder Kräutermischungen. Sie schmecken spinatartig. Die Blütenknospen werden von Mai bis Juli roh in Salat oder Rohkost verwendet und können auch wie Kapern eingelegt werden. Die frisch geöffneten Blütenköpfchen machen sich gut als Dekoration in Salat oder in Suppen und können kleingeschnitten unter Brotteig geknetet werden. Ausgezupft dienen die Blütenblätter zum Bestreuen von Desserts oder würzigen Brotaufstrichen.

Wildblüten in Eiswüfel einfrieren – eine leckere Dekoration für kalte Getränke.

BLÜTE Juni–Oktober, weiß, Röhrenblüten gelb
WUCHSHÖHE 0,2–0,7 m
STANDORT Fettwiesen und -weiden, Wegraine

ÄHRIGE TEUFELSKRALLE

Phyteuma spicatum
Glockenblumengewächse

4–5, 5–7

Teufelskrallen sind ein sehr gutes Wildgemüse. Die zarten Triebe und Blätter schmecken süßlich und können roh auf dem Butterbrot, im Kräuterquark oder im Salat verwendet werden. Erhitzt werden sie in verschiedenen Gemüsegerichten, Lasagne, Pizza oder Eierspeisen genutzt. Die jungen, noch geschlossenen Blütenstände lassen sich wie Spargel zubereiten und auch die geöffneten Blüten sind als Dekoration auf Salaten essbar. Als süße Nascherei ist es möglich, die ganzen geöffneten Blütenstände zu kandieren.

Der Name leitet sich von den einzelnen, gebogenen Blütenröhren ab.

BLÜTE Mai–Juli, gelblich weiß, selten hellblau
WUCHSHÖHE 0,3–0,8 m
STANDORT krautreiche Wälder, Säume, Hochstaudenfluren, Bergwiesen

Als Tee wirken die Blätter beruhigend auf Magen und Darm.

WASSERMINZE

Mentha aquatica
Lippenblütler

4–8, 7–10

Die aromatischen, weichen Blätter kann man direkt essen, aber auch frisch oder getrocknet als Tee oder Würze für Süßspeisen, Salate oder Gemüsegerichte verwenden. Sie sollten wegen ihrer ätherischen Öle allerdings immer nur in kleinen Mengen eingesetzt werden. Man kann mit ihnen Kräuteröle herstellen und sie zur Verfeinerung von Eierspeisen, Kräuterkartoffeln, Saucen und Suppen nutzen. Fein sind sie auch zum Aromatisieren von Schokolade, Zucker, Limonade und Bowle. Die Blüten streut man über Obstsalat oder Schokodesserts.

BLÜTE Juli–Oktober, rosa oder lila
WUCHSHÖHE 0,2–0,8 m
STANDORT zeitweise überschwemmte Röhrichte, Ufer, Nass- und Moorwiesen, Bruchwälder

GROSSE BRENNNESSEL

Urtica dioica
Brennnesselgewächse

ganzjährig, 8–10

Brennnesseln können fast ganzjährig geerntet werden. Die frischen, jungen Blättchen und Triebspitzen werden roh in Aufstrichen oder Salaten verarbeitet. Dafür werden sie fein gehackt, damit sie nicht mehr brennen. Aus den jungen Pflanzenteilen kann man außerdem Spinat, Suppen oder Aufläufe zubereiten – auch beim Kochen werden die Brennhaare zerstört. Die Blätter können einzeln in Teig ausgebacken werden oder man mischt sie in Kräutersalz. Die Samen schmecken ähnlich wie Leinsamen und können als knusprige Beigabe z. B. über Müsli gestreut werden. Brennnesseln gelten als Geschmacksverstärker aus der Wiese. Sie enthalten viele wichtige Mineralstoffe.

Die Samen der Brennnessel haben einen nussigen Geschmack.

BLÜTE Juli–Oktober, grün
WUCHSHÖHE 0,6–1,5 m
STANDORT nitrophile Staudengesellschaften, Gebüsche, Edellaubholz-reiche Wälder

In Tempura-Teig getaucht und frittiert werden die Blätter zu einer herzhaften Vorspeise.

Brennnessel-Bällchen aus blanchierten Blättern können wie Spinat verwendet werden.

Die dunkelvioletten Blüten können bis zu 2 cm lang werden.

WIESENSALBEI

Salvia pratensis

Lippenblütler

4–6, 5–8, bis Juni

Besonders die jungen Blätter und Triebspitzen werden im Frühjahr für Teemischungen eingesetzt. Sie duften beim Zerreiben aromatisch. Man kann sie auch zum Würzen von Suppen und Salaten und zur Zubereitung von Kräuterbutter verwenden. Ebenso werden mit Salbei Süßspeisen, Sirup, Zucker und Kräuterlikör gewürzt. Die ausgezupften Blüten dienen als essbare Dekoration auf Salaten und Brotaufstrichen oder als Aroma für Speiseöl. Die Stängel sind bis Juni sehr saftig und können ausgepresst werden.

BLÜTE Mai–August, blau oder violett, selten rötlich
WUCHSHÖHE 0,3–0,6 m
STANDORT Trocken- und Halbtrockenrasen, trockene Wiesen

Salbeiblätter werden auch zum Räuchern genutzt.

unterseits weißfilzig
Stiel nach
innen gezogen
herzförmig-rundlich
gezähnt mit dunklen
Spitzen

Schon im März drängen die Blüten vor den Blättern ans Licht.

Ein Tee aus den Blättern galt früher als eines der besten Hustenmittel.

HUFLATTICH

Tussilago farfara
Korbblütler

5–7, 3–4, 9–Winter

Die rohen Blütenstängel werden zu Salaten oder gedünstet als Pfannengemüse verarbeitet. Sie erinnern geschmacklich an grünen Spargel. Die Blätter sind etwas bissfester, die Wurzeln etwas würziger. Junge Blätter und Blütenknospen werden kleingehackt und als Salat gegessen oder übers Butterbrot gestreut. Man kann sie auch spinatähnlich verwenden oder ins Risotto geben. Die älteren Blätter werden getrocknet und als wirksamer Hustentee zubereitet. Wurzeln gibt man geschnitten in Bratlinge oder zu Wurzelgemüse.

BLÜTE März–April, goldgelb
WUCHSHÖHE 0,07–0,3 m
STANDORT frische bis feuchte Ruderalstellen, Ufer, feuchte Äcker

WEGWARTE

Cichorium intybus
Korbblütler

4–7, 7–9, 9–Frühjahr

Die zarten Blätter der Rosette werden bis zum Sommer zu Gemüsegerichten, in Kräutersaucen, als Wildkräuterspinat und roh als Salatbeigabe verwendet. Ausgezupfte Blüten sehen gut aus als essbare Dekoration auf Salaten – auch Fruchtsalaten – und Brotbelag. Sie schmecken auch kandiert sehr fein. Die saftigen Wurzeln wurden früher kleingeschnitten, nach dem Trocknen geröstet und gemahlen und als Kaffeeersatz genutzt. Heutzutage bereitet man Gemüsegerichte aus den geschälten und gewässerten, inulinreichen Wurzeln zu.

BLÜTE Juli–Oktober, hellblau
WUCHSHÖHE 0,3–1,5 m
STANDORT frische-mäßig trockene Ruderalstellen, Wegränder, extensiv genutzte Äcker

Im Herbst und Winter werden die Wurzeln der Wegwarte geerntet.

Seit dem 17. Jhd. werden sie geröstet und als Kaffee-Ersatz zubereitet.

WEGMALVE, KÄSEPAPPEL

Malva sylvestris
Malvengewächse

4–9, 6–10

Die jungen Blätter und Triebe können, im Frühjahr geerntet, als Gemüse gekocht werden, später im Jahr werden nur die jungen Blätter an den Trieben verwendet. Sie enthalten viele Schleimstoffe zum Eindicken von Suppen und Saucen. Ebenso werden sie wie Sauerkraut eingelegt oder als Beigabe in Lasagne genutzt. Getrocknete Blätter und Blüten finden Verwendung als Tee. Bis zum Herbst können aufgeblühte Blüten kandiert werden. Oder sie werden kleingeschnitten in Salat, Rohkost und Eierspeisen gegessen.

Die Frucht der Malve ist scheibenförmig mit vielen Samen.

BLÜTE Juni–Oktober, hellpurpurn, dunkler gestreift
WUCHSHÖHE 0,3–1,0 m
STANDORT mäßig trockene, meist stickstoffreiche Ruderalstellen

ACKER-WITWENBLUME

Knautia arvensis
Geißblattgewächse

4–7, 7–8

Da die jungen Blätter etwas bitter sind, kann man sie nur in kleinen Mengen für Salate und Rohkost verwenden. Für Kräutermischungen und ganz besonders für Kartoffelsalat sind die kleingeschnittenen Blätter zu empfehlen. Der bittere Geschmack kann durch Einlegen in Wasser gemildert werden. Die ausgezupften Blüten dienen als essbare Dekoration auf Salaten, Butterbroten oder Süßspeisen. Die Acker-Witwenblume war früher eine gefragte Heilpflanze, da der Tee gegen verschiedene Infektionen wirksam ist.

Das Auge isst mit: Farbenfrohes Dessert mit Blütendekoration.

BLÜTE Juli–August, bläulich rot bis violett
WUCHSHÖHE 0,3–0,8 m
STANDORT nährstoffreichere Wiesen, Halbtrockenrasen, Weg- und Waldränder, extensiv genutzte Äcker

HOPFEN

Humulus lupulus
Hanfgewächse

4–7, 7–8

Seit dem achten Jahrhundert sind die weiblichen Pflanzen als Bierwürze in Kultur. Die Sprossspitzen sind bis zu einer Länge von 20 cm verwendbar. Sie werden abgebrochen und wie Spargel gekocht, dabei erinnert ihr Aroma eher an Broccoli. Sie sind etwas kratzig, ein wichtiges Erkennungsmerkmal, das sich aber beim Kochen verliert. Die älteren Blätter und Stängel wurden früher dem Tabak beigemischt. Außer im Bier kann man die weiblichen Blüten auch als Tee nutzen. Die männlichen Blüten werden als gedämpftes Gemüse gegessen.

ACHTUNG Hopfen als Kletterpflanze kann mit der giftigen Zaunrübe (siehe S. 98) verwechselt werden.

BLÜTE Juli–August, grünlich, Staubbeutel gelb
WUCHSHÖHE 2,0–6,0 m
STANDORT Auen- und Niederungswälder, Gebüsche

ECHTES HIRTENTÄSCHEL

Capsella bursa-pastoris
Kreuzblütler

3–9, 4–7, ab 6, Frühjahr vor der Blüte

Wenn die Pflanzen im Frühjahr noch nicht blühen, kann man die zarten Wurzeln ernten und sie frisch oder getrocknet als Würze einsetzen. Junge Blätter schmecken roh ähnlich wie Rucola und lassen sich im Omelett, in Suppen oder Saucen verwenden. Die Blütenstände können mariniert oder zu Pesto verarbeitet werden. Sie dienen ebenso wie die Samen als würzige Dekoration auf Salat. Die reifen Samen wie auch die jungen „Täschel“ kann man ab Juni mit Essig und Salz zu einem senfähnlichen Gewürz abschmecken.

Ein pikanter Salat mit jungen Hirtentäschel-Blättern.

BLÜTE Januar–Dezember, weiß
WUCHSHÖHE 0,02–0,7 m
STANDORT frische Ruderalstellen, Brachen, nährstoffreiche Äcker und Gärten

So große Klatschmohn-Bestände sind heute selten geworden.

KLATSCHMOHN

Papaver rhoeas
Mohngewächse

3–5, 5–7, 8

Die Pflanzen führen Milchsaft, der nicht zum Verzehr geeignet ist. Daher ist beim Einsatz der frischen Pflanzen oder der Samenkapseln Vorsicht geboten. Die roten Blütenblätter des Klatschmohns werden als essbare Dekoration verwendet. Man kann sie frisch auf Quark oder andere Brotaufstriche streuen oder getrocknet im Tee verwenden, dem sie eine schöne Farbe verleihen. Die Samen dienen als Backgewürz oder ausgepresst als Öl. Die gedünsteten Blattrosetten sind auch essbar, allerdings ein bisschen haarig.

Auch Sirup aus Mohnblüten nimmt die schöne rote Farbe an.

BLÜTE Mai–Juli, scharlachrot bis purpurn, am Grund schwarz
WUCHSHÖHE 0,3–0,9 m
STANDORT nährstoffreiche, lehmige Äcker, Ruderalstellen, Schutt, Wegränder

LÖWENZAHN, KUHBLUME

Taraxacum officinale
Korbblütler

ganzjährig, 4–7, ganzjährig

Die vitaminreichen Blätter des Löwenzahns schmecken umso milder, je jünger sie gepflückt werden. Zarte, junge Blätter finden sich das ganze Jahr über in der Rosette. Vor der Verwendung sollte man sie gegebenenfalls in Wasser ziehen lassen, um ihnen den bitteren Geschmack zu nehmen. Sie lassen sich vielfältig verwenden, z. B. in Salat und Rohkost, spinatartig zubereitet, getrocknet als Gewürz oder in Kräutersalz. Die Blütenköpfe können zu einem Gelee verarbeitet werden, dann schmecken sie honigartig. Aus den getrockneten und gerösteten Wurzeln kann man Kaffee zubereiten.

Die Samen können mit ihren „Fallschirmen" sehr weit fliegen.

BLÜTE April–Juli, goldgelb, Frucht strohfarben
WUCHSHÖHE 0,05–0,4 m
STANDORT Fettwiesen und-weiden, Unkrautfluren, Äcker, Wegränder

Hüllbläter von den Blüten entfernen, bevor sie zu Gelee verarbeitet werden.

Die Wurzeln des Löwenzahns können geröstet als Kaffeeersatz verwendet werden.

ROTKLEE

Trifolium pratense
Schmetterlingsblütler

4–6, 6–9, 8–9

Frische, junge Blättchen, aber besonders die Blüten, sind zart im Aroma und ergeben eine perfekte bunte Zutat zu Wildkräutersalaten. Sie schmecken ähnlich wie Feldsalat. Die Blätter nutzt man in Frühjahrssuppen oder Kräutermischungen, die Blüten werden entweder ausgezupft und als Deko verwendet, oder die ganzen Blütenköpfchen werden in Omelett- oder Bierteig ausgebacken. Der Rotklee wird auch als Sauerkraut eingelegt. Kleesamen finden als Gewürz in Brot Verwendung. Früher wurden die Wurzeln zum Strecken von Brotmehl genutzt.

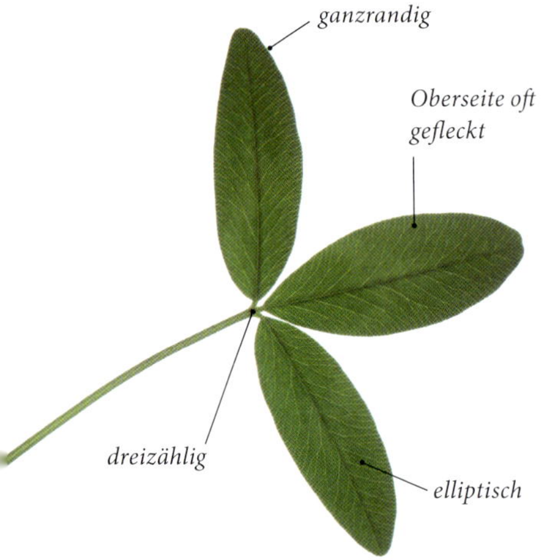

Der Vormittag ist die beste Zeit, um Kleeblüten zu sammeln.

BLÜTE Juni–September, hell karmin- bis fleischrot
WUCHSHÖHE 0,15–0,4 m
STANDORT frische, nährstoffreiche Wiesen und Weiden, Halbtrockenrasen, Wegraine

Weißklee ist oft auch im Hausgarten zu finden.

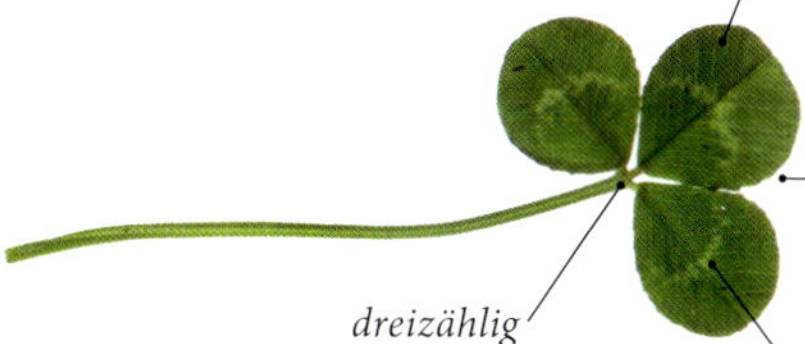

WEISSKLEE

Trifolium repens
Schmetterlingsblütler

4–6, 5–9, 8–9

Blätter und Blüten des Weißklees können genau wie die von Rotklee verwendet werden. Die Blätter dieser beiden Kleearten unterscheiden sich jedoch erkennbar voneinander. Die vierblättrigen Kleeblätter, die als Glückssymbol bekannt sind, bildet vor allem der Weißklee. Es handelt sich dabei um eine Fehlbildung der Blätter.

BLÜTE Mai–September, weiß oder hellrosa, verblüht hellbraun
WUCHSHÖHE 0,15–0,45 m
STANDORT frische, nährstoffreiche Fettweiden, Parkrasen, Wiesen, Wegränder, Äcker

WEISSER STEINKLEE

Melilotus albus
Schmetterlingsblütler

vor der Blüte, 6-9, 8–9

Alle Pflanzenteile nur in geringer Dosierung und nachdem sie zwei Tage angewelkt sind zum Aromatisieren verwenden. Sie enthalten Cumarin, das bei zu hoher Konzentration Kopfschmerzen verursachen kann. Wenn man die Blätter zerreibt, duften sie süßlich, sie dienen als Aroma z.B. für Marmelade. Die getrockneten und vermahlenen Blüten werden als Gewürz für Süßspeisen oder zum Backen genutzt, die Samen als Gewürz bei der Käseherstellung. Früher wurden die getrockneten Wurzeln ebenfalls zum Würzen verwendet.

Steinklee wurde früher, in Stoffbeutel eingenäht, als Mottenmittel verwendet.

BLÜTE Juni–September
WUCHSHÖHE 0,3–1,1 m
STANDORT trockene bis mäßig trockene Ruderalstellen, Schutt, Bahnanlagen

WALD-SAUERKLEE

Oxalis acetosella
Sauerkleegewächse

ab 3, 4–5, ab 5

Die Blätter werden am besten vor der Blüte im Frühjahr geerntet. Sie enthalten viel Oxalsäure, darum werden sie vor dem Verzehr gekocht und das Kochwasser wird weggeschüttet. Dann können die Blätter als Würze für Saucen und Suppen verwendet werden. Frisch gibt man sie in kleinen Mengen in Salate oder Gemüsesäfte. Sie passen besonders gut zu Fisch und Sauermilch. In Zucker eingelegt, geben ihnen die Blättchen eine zitronenartige Note. Die Blüten werden als essbare Dekoration verwendet. Die noch grünen, weichen Fruchtstände können in Essig eingelegt werden.

Die jungen Blättchen sind auch frisch beim Spaziergang im Wald lecker.

BLÜTE April–Mai, weiß, purpurn geadert
WUCHSHÖHE 0,05–0,12 m
STANDORT krautreiche Wälder und Forste, subalpine Hochstaudenfluren

Die Blätter schmecken vor der Blüte weniger scharf, sind aber auch schwerer zu finden.

WIESENSCHAUMKRAUT

Cardamine pratensis
Kreuzblütler

4–5, 4–5, 8–9

Am besten ist das Wiesenschaumkraut zur Blütezeit zu finden, dann fällt es mit seinen blasslila Blüten auf. Es ist mit dem Senf verwandt und ihm auch im Aroma ähnlich. Daher werden Blüten und Blättchen nur in kleinen Mengen als Gewürz für Suppen, Saucen, Kräuterbutter und Mischgemüse eingesetzt. Da die Blüten etwas milder schmecken als die Blätter, kann man sie auch als essbare Dekoration für Salate und Butterbrote nutzen. Die Blütenknospen schmecken in Essig eingelegt als falsche Kapern oder in Kräuterquark und Pesto verarbeitet. Die getrockneten Samen werden als Pfefferersatz verwendet.

BLÜTE April–Juni, blass lila bis weiß, Staubbeutel gelb
WUCHSHÖHE 0,1–0,6 m
STANDORT nasse bis frische Wiesen, Flachmoore, Auenwälder

WALDERDBEERE

Fragaria vesca
Rosengewächse

3–7, 6–7

Wenn die Blätter im Frühjahr noch weich sind, werden sie fein geschnitten im Salat gegessen oder auch für Kräuterquark oder Pesto verwendet. Die etwas derberen Blätter nutzt man bis in den Sommer zur Teebereitung. Von Juni bis Juli kann man die kleinen Früchte genauso nutzen wie gezüchtete Erdbeeren, jedoch sind Walderdbeeren wesentlich aromatischer; allerdings auch sehr empfindlich, sodass sie noch am gleichen Tag verarbeitet werden sollten. Es lässt sich aus ihnen auch Marmelade und Gelee kochen.

Am besten genießt man die Früchte frisch, verarbeitet verlieren sie zu schnell ihr Aroma.

BLÜTE Mai–Juni, weiß
WUCHSHÖHE 0,05–0,2 m
STANDORT Säume, Gebüsche, Laubwälder, mäßig anspruchsvoll

BRUNNENKRESSE

Nasturtium officinale
Kreuzblütler

4–8, 5–10, ab 9

Die Triebe, Blätter und Blütenstände schmecken scharf nach Kresse. Sie werden als Beigabe zu Salaten, Rohkost und als essbare Dekoration verwendet. Als besondere Delikatesse wird Kartoffelsuppe mit Brunnenkresse geschätzt. Die Blätter kann man aber auch als Spinat oder Pesto, in Kräuterbutter und Omelett essen. Die kleinen Samen kann man als Pfefferersatz oder zu Senf vermahlen verwenden. Da einige Bestände der Brunnenkresse gefährdet sind, ist es ratsam, die Wurzeln zu schonen und nicht zu nutzen.

Die Brunnenkresse bevorzugt nährstoffreiche Gewässer in sonniger bis halbschattiger Lage.

BLÜTE Mai–Oktober, weiß
WUCHSHÖHE 0,2–0,8 m
STANDORT Bäche, Gräben, Quellen mit fließendem, klaren Wasser

WIESEN-STORCHSCHNABEL

Geranium pratense
Storchschnabelgewächse

4–7, 6–8

Alle Storchschnabelarten sind genießbar, wobei starke Unterschiede im Aroma auftreten können. Die aromatischen Blätter werden im Frühjahr als Beigabe zu Salaten, Gemüsegerichten oder Kräutersuppen und -saucen verwendet. Roh verwendet, spürt man den weichen Haarflaum der Blätter. Die Blütenknospen und vor allem die äußerst dekorativen, jedoch sehr zarten und schnell welkenden Blüten finden als essbare Dekoration in Salaten, auf Brötchen und in Desserts Verwendung, getrocknete Blütenblätter gibt man in Teemischungen.
ACHTUNG Vor der Blütenentwicklung besteht Verwechslungsgefahr mit Eisenhutarten (siehe S. 96).

BLÜTE Juni–August, blau bis hellblau, lila
WUCHSHÖHE 0,2–0,6 m
STANDORT nährstoffreiche, meist kalkhaltige Fettwiesen, Straßenraine

GÄNSEFINGERKRAUT

Potentilla anserina
Rosengewächse

4–5, 5–8, 9–Frühjahr

Die jungen, silbrig behaarten Blätter können als Salatbeigabe oder kleingeschnitten in Salatsaucen genutzt werden. Auch in Kräutermischungen, Kräuterkäse oder getrocknet in Tees sind sie eine beliebte Zutat. Sie enthalten sehr viel Vitamin C. Die ausgezupften Blütenblätter eignen sich hervorragend als essbare Dekoration z. B. auf Butterbroten. Die knollenartigen, nussig schmeckenden Wurzeln werden roh in Salate gerieben oder als Gemüseeintopf gekocht. Dann ist ihr Geschmack eher süßlich.

An einem sonnigen Platz kann Gänsefingerkraut auch im Garten kultiviert werden.

BLÜTE Mai–August, goldgelb
WUCHSHÖHE 0,15–0,5–0,8 m
STANDORT frische bis feuchte Ruderalstellen, Ufer, feuchte Wiesen und Äcker, salzertragend

WERMUT

Artemisia absinthium
Korbblütler

4–8

Die Blätter sehen denen des Gewöhnlichen Beifuß' ähnlich, allerdings sollte das Kraut nur in kleinen Mengen verwendet werden, da es ansonsten Kopfschmerzen verursachen kann. Man nutzt die Blätter nur als Aroma, z. B. im Zucker, Likör, Bier, Speiseöl und Kräuteressig. Der aromatische Duft der zerriebenen Blätter ist appetitanregend, der Geschmack ist sehr bitter. Die Bitterstoffe werden arzneilich zur Förderung der Sekretion von Magensaft eingesetzt. Die Pflanze ist ein Bestandteil von Magenbitter. **ACHTUNG** Die Blätter können mit denen des Blauen Eisenhuts (siehe S. 96) verwechselt werden.

BLÜTE Juli–September, gelb
WUCHSHÖHE 0,6–1,2 m
STANDORT Acker- und Gartenunkrautgesellschaften

ECHTE NELKENWURZ

Geum urbanum
Rosengewächse

3–4, 5–10, 9–Winter

Die Wurzeln wirken schmerzstillend und keimtötend.

Die zarten, weichen Blätter können mit Feta in Blätterteig eingebacken werden, die derberen werden getrocknet in Kräutersalz verwendet. Blüten und Blütenknospen kann man roh essen oder als Deko z.B. über den Salat streuen. Die Knospen können auch als Gemüse gegart werden. Die Wurzeln nach der Ernte gründlich reinigen, dann frisch gerieben oder getrocknet als Gewürz in Gemüsesuppen mitkochen. Sie schmecken wegen ihrer ätherischen Öle ähnlich wie Gewürznelken und werden daher auch gerne als Zutat für Gewürztees eingesetzt.

BLÜTE Mai–Oktober, gelb
WUCHSHÖHE 0,3–1,2 m
STANDORT Auenwälder, Waldwege, nährstoffreiche Gebüsche

Alle Pflanzenteile können in Kräutersalz gemischt werden.

SCHAFGARBE

Achillea millefolium
Korbblütler

Frühjahr, 6–10, das ganze Jahr

Zum Rohessen eignen sich ausschließlich die jungen, zarten Blätter. Die älteren Blättchen müssen kleingehackt und gekocht oder in Butter gebraten werden. Sie haben einen herben, aromatischen Geschmack und eignen sich daher sowohl frisch als auch getrocknet zum Würzen von fettem Fleisch wie Lamm, Gans und Schwein. Im Hochsommer werden die blühenden Stängel mit Blättchen und Blüten gesammelt. Das getrocknete Kraut wird mit Salz vermahlen zu Kräutersalz.
ACHTUNG Vor der Blütezeit könnten die Blätter der Schafgarbe mit jenen diverser – unter Umständen giftiger – Doldenblütler verwechselt werden (siehe S. 102). Deren Blätter sitzen jedoch auf Stielen.

BLÜTE Juni–Oktober, weiß, rosa oder rot, nie gelblich
WUCHSHÖHE 0,2–1,2 m
STANDORT Fettwiesen und -weiden, Halb- und Sandtrockenrasen, Wegränder

Nicht nur als Tee, auch beim Räuchern wird Beifuß als Heilkraut verwendet.

BEIFUSS

Artemisia vulgaris
Korbblütler

4–5, 7–10

Die ganz jungen Triebe und Stängelspitzen sind kräftig aromatisch und nur wenig bitter. Sie eignen sich als Würze zu Eierspeisen, zur Aromatisierung von Likör und Öl oder als Zutat in Salaten und Rohkost. Die reifen Triebe mit Blütenköpfchen lassen sich als Gewürz in fetten Saucen und Gemüsesuppen mitkochen. Vor dem Verzehr werden sie wieder entfernt. Das Kraut wird im Hochsommer zum Trocknen aufgehängt und dann abgerebelt. Danach kann es ganzjährig z.B. für Kräutersalz verwendet werden.
ACHTUNG Die Blätter sehen denen des giftigen Blauen Eisenhuts (siehe S. 96) sehr ähnlich.

BLÜTE Juli–November, gelblich oder rotbraun
WUCHSHÖHE 0,6–2,5 m
STANDORT frische bis feuchte Ruderalstellen

Auch im Kräuteröl entfaltet Beifuß seine appetitanregende Wirkung.

Solche großen Bestände sind nicht immer zur Freude des Gärtners.

GIERSCH, GEISSFUSS

Aegopodium podagraria
Doldenblütler

3–4, 6–7, 7–9

Die jungen, noch kaum entfalteten Blätter werden roh in Frühlingssalate, Aufstriche und Suppen gegeben. Geruch und Geschmack liegen zwischen Möhre und Petersilie. Die älteren Blätter eignen sich gekocht für Aufläufe, Omeletts und Bratlinge. Mit zunehmendem Alter wird der Geschmack der Pflanze intensiver. Die Blüten als Gewürz, in Essig oder Öl eingelegt, verleihen diesem ein würziges Aroma. Sie können auch getrocknet zu Kräutersalz verarbeitet werden. Ganze Blütenstände werden frittiert und ausgebacken.
Achten Sie beim Pflücken der Pflanze unbedingt darauf, dass der Blattstängel im Querschnitt dreieckig ist! Dies ist ein untrügliches Erkennungsmerkmal für den Giersch. Sicheres Bestimmen ist in der Familie der Doldenblütler unerlässlich, da neben vielen Gemüsepflanzen auch viele Giftpflanzen aus dieser Familie stammen, beispielsweise der Schierling (siehe S. 102) und die Hundspetersilie. Wenn Sie sich nicht ganz sicher sind, verzichten Sie lieber auf den Genuss.

Die leckerste Art der „Unkrautvernichtung": aufessen statt kompostieren.

BLÜTE Juni–Juli, Dolden weiß, selten rosa
WUCHSHÖHE 0,5–0,9 m
STANDORT Säume, Schläge, krautreiche Gebüsche, anspruchsvoll

ECHTES MÄDESÜSS

Filipendula ulmaria
Rosengewächse

4, 6–8, 8–9, 4

Die Blüten und Blütenknospen sowie auch die jungen Früchte eignen sich wunderbar als Aroma für süße Desserts oder Limonaden. Ganz junge Blätter kann man zum Würzen von Salatsaucen verwenden, oder sie werden getrocknet als Tee zubereitet. Da sie wie alle Pflanzenteile beim Zerreiben intensiv duften, werden auch die Wurzeln nur in geringer Menge als Zutat zu Gemüsegerichten verwendet. Das Mädesüß enthält eine Anzahl arzneilich interessanter Stoffe, die vielfältig genutzt werden können.

BLÜTE Juni–August, gelblich weiß
WUCHSHÖHE 0,5–1,5 m
STANDORT nasse, nährstoffreiche Wiesen, Gräben, Hochstaudenfluren

Die duftenden Blüten werden auf einem selbstgebauten Gestell getrocknet.

Die Samen des Mädesüß werden auch übers Wasser verbreitet, an dem die Pflanzen wachsen.

KLEINER WIESENKNOPF, BIBERNELLE

Sanguisorba minor

Rosengewächse

4–6, Herbst–Frühjahr

Die Blätter schmecken ähnlich wie reifer Spinat, jedoch etwas würziger. Am besten gibt man sie roh kurz vor Ende der Garzeit Suppen oder Gemüsegerichten bei, damit sie ihr Aroma behalten und das darin enthaltene Vitamin C nicht zerstört wird. Das ist auch der Grund, warum sie vorsichtig und langsam getrocknet werden sollten. Dann sind sie gut in einer Teemischung verwendbar. Von Herbst bis Frühjahr des ersten Jahres kann man die Wurzel als Gemüse verarbeiten oder roh in einen Salat raspeln.

BLÜTE Mai–August, grünlich, oft rot überlaufen
WUCHSHÖHE 0,15–0,4–0,8 m
STANDORT Felsfluren, Trocken- und Halbtrockenrasen, trockene, sandige Ruderalstellen

So große Bestände sind selten geworden und sollten nicht vollständig abgeerntet werden.

Die einzelnen Blüten auf den Köpfchen sind sehr unscheinbar.

GIFTIGE WILDKRÄUTER

Der Kriechende Hahnenfuß verbreitet sich über Wurzelausläufer.

KRIECHENDER HAHNENFUSS ☠

Ranunculus repens

Hahnenfußgewächse

Der kriechende Hahnenfuß gilt als schwach giftig. Die Blätter schmecken scharf und führen roh gegessen zu Unwohlsein, sodass man schwerlich in Gefahr gerät, sich ernstlich zu vergiften. Allerdings ist es leicht möglich, die Blätter mit denen des Scharfen Hahnenfußes oder des Storchschnabels (siehe S. 79) zu verwechseln.

BLÜTE ❀ Mai–August, glänzend goldgelb
WUCHSHÖHE 0,15–0,4 m
STANDORT Gärten, Feuchtwiesen, Ufer

SCHWARZES BILSENKRAUT ☠

Hyoscyamus niger
Nachtschattengewächse

Die Pflanze bzw. ihre Extrakte wurden früher für Giftmorde benutzt. Alle Teile der Pflanze sind sehr stark giftig. Auch wenn nur geringe Mengen der Blätter gegessen werden, können Vergiftungserscheinungen auftreten. Vor allem bei Kindern können schon ein paar Samen, die mit Mohnsamen zu verwechseln sind, zu tödlichen Vergiftungen führen. Das Bilsenkraut riecht unangenehm und ist zottig behaart.

Nur wenige der nur etwas mehr als 1 mm großen Samen reichen aus für eine Vergiftung.

BLÜTE ✿ Juni–Oktober, weiß mit violetten Adern und dunkelviolettem Grund
WUCHSHÖHE 0,8 m
STANDORT Wegränder, Ruderalstellen

BLAUER EISENHUT ☠

Aconitum napellus
Hahnenfußgewächse

Der Blaue Eisenhut gehört mit zu den giftigsten einheimischen Pflanzen, was auch sein Beiname „Ziegentod" ausdrückt. Vor allem die Samen und Wurzeln enthalten die giftigen Alkaloide. Selbst durch das Pflücken können sie über die Haut in den Körper gelangen. Gegen das Gift des Eisenhuts gibt es kein Gegengift. Die braune, rübenförmige, lange Wurzelknolle kann mit Meerrettich verwechselt werden. Auch die Blätter können irrtümlich gesammelt werden, da sie vor der Blütenentwicklung den Blättern von Storchschnabelarten (Geranium, siehe S. 79) sehr ähnlich sehen.

BLÜTE Juli–August, tief blauviolett
WUCHSHÖHE bis 1,5 m
STANDORT feuchte Wälder, Bachufer, Bergwiesen

ARONSTAB ☠

Arum maculatum
Aronstabgewächse

Beim Aronstab sind alle Pflanzenteile, einschließlich der roten Beeren, sehr giftig! Dabei sind die frischen Pflanzenteile deutlich giftiger als die getrockneten. Der Namenszusatz „gefleckt“ bezieht sich auf die dunklen Flecken auf den Blättern. Allerdings treten diese nicht bei allen Pflanzen auf. Vor der Blüte ist es möglich, die Pflanze mit Bärlauch (siehe S. 36) oder eventuell Sauerampfer (siehe S. 29) zu verwechseln. Wenn der Aronstab mit seinem auffälligen Hochblatt blüht und erst recht wenn die Beeren erscheinen, ist die Pflanze aber praktisch nicht mehr zu verwechseln. Außerdem riecht sie nicht nach Knoblauch.

BLÜTE April–Juni, Hochblätter grünlich weiß bis rötlich weiß
WUCHSHÖHE 0,15–0,4 m
STANDORT Laubwälder und Gebüsche

Bereits 6-8 Beeren können Vergiftungserscheinungen hervorrufen.

Die Kletterranken sehen recht ähnlich aus wie bei der Gurke.

ROTFRÜCHTIGE ZAUNRÜBE ☠

Bryonia dioica

Kürbisgewächse

Die Zaunrübe ist stark giftig, besonders die Wurzeln und Beeren. Sie schmecken bitter und schon der Genuss von sechs bis acht Beeren führt zu Vergiftungserscheinungen mit Durchfall, Erbrechen und Krämpfen. Die Nierenfunktion wird gestört und es treten Herzrhythmusstörungen auf. Auch bei Hunden, Schweinen, Hühnern und Rindern sind tödliche Vergiftungen bekannt.

BLÜTE ✿ Juni–September, gelblich weiß
WUCHSHÖHE Kletterpflanze mit meterlangen Trieben
STANDORT Krautgesellschaften im Halbschatten

beidseitig rau behaart
handförmig gelappt, einzelne Lappen mehr oder weniger spitz
Blattspreite mit fünfeckigem Umriss

Aus dem Austrieb im Frühjahr entwickelt sich nicht die Blüte, sondern die Frucht.

Die Zwiebeln sehen Tulpenzwiebeln ähnlich, sitzen aber viel tiefer im Boden.

HERBSTZEITLOSE ☠

Colchicum autumnale
Liliengewächse

Die dicklichen, fleischigen Blätter der Herbstzeitlose erscheinen im Frühjahr zusammen mit einer aufgeblasenen Kapsel. Dies ist nicht die Blütenknospe, sondern der Fruchtstand, der die sehr giftigen Samen enthält. Die ganze Pflanze ist giftig, vor allem aber die Knolle und die Samen. Das Gift ist auch nach dem Trocknen noch vorhanden. Die Blüte, die an eine große Krokusblüte erinnert, erscheint gegen Ende des Sommers nach der letzten Mahd der Wiesen. Wichtigstes Unterscheidungsmerkmal zum Bärlauch (siehe S. 36): Die Blätter riechen nicht nach Knoblauch!

BLÜTE ✻ August–November, Fruchtreife im Juni des darauffolgenden Jahres, violett bis rosa
WUCHSHÖHE 0,05–0,4 m
STANDORT nährstoffreichere, feuchte Wiesen

GEFLECKTER SCHIERLING ☠

Conium maculatum
Doldenblütler

In der Familie der Doldenblütler gibt es ein paar sehr unangenehme bis tödlich giftige Vertreter, die mit essbaren Wildkräutern verwechselt werden können. Einer davon ist der Gefleckte Schierling. Er kommt an schattigen, feuchten Stellen, an Ufern, Hecken und Zäunen, aber auch an Schutthalden vor. Er wird bis zu zwei Meter hoch. Die Stängel sind im unteren Teil rot bis braun gefleckt. Beim Verreiben von Pflanzenteilen bemerkt man einen unangenehmen, scharfen Geruch nach Mäuseurin, der lange an den Fingern haften bleibt. Doch Achtung: Hautkontakt führt zu Reizerscheinungen. Der Giftgehalt ist jahreszeitlichen Schwankungen unterworfen. Beim Trocknen nimmt er nur sehr langsam ab.
ACHTUNG Weiße Doldenblütler nur sammeln und verzehren, wenn man sie ganz sicher richtig bestimmt hat. Ansonsten lieber stehen lassen!

Der Schierling hat ganz ähnliche Samen wie Kümmel und Fenchel.

BLÜTE ✿ weiße Dolden
WUCHSHÖHE 0,8–1,8 m
STANDORT Wildkrautbestände, kalkhaltige Böden an warmen Standorten

mehrfach
gefiedert
gesägt

MAIGLÖCKCHEN ☠

Convallaria majalis
Spargelgewächse

Beim Maiglöckchen sind besonders die Blüten und die roten Früchte giftig, wobei der Giftgehalt mit zunehmender Reife ansteigt. Allerdings ist die Mehrzahl der giftigen Stoffe in allen Pflanzenteilen enthalten. Bei Berührungen mit der Haut kann es zu Reizungen kommen, auch Berührungen mit den Augen sind zu vermeiden. Die Blätter, die nicht wie beim Bärlauch (siehe S. 36) nach Knoblauch riechen, stehen immer zu zweit. Die glockenförmigen, weißen Blütenköpfchen hängen einzeln mit der Öffnung nach unten.

Maiglöckchen können in ähnlich dichten Beständen vorkommen wie der Bärlauch.

Blätter jeweils zu zweit aus einem Stiel

BLÜTE ✳ Mai–Juni, weiß, Beere rot
WUCHSHÖHE 0,1–0,2 m
STANDORT Laubwälder, wärmeliebende Kiefernwälder, Gebüsche, Säume

Die Blüten sind einzeln stehende weiße Glöckchen.

Aus ihnen entwickeln sich die giftigen, rote Beeren.

allmählich in den Stiel auslaufend

Die Blattrosetten des Fingerhuts kann man mit denen der Königskerzen verwechseln.

Die Blüten werden gerne von Schwebfliegen besucht.

ROTER FINGERHUT ☠

Digitalis purpurea
Wegerichgewächse

Das Gift des Roten Fingerhuts ist heutzutage aus Medikamenten zur Herztherapie nicht mehr wegzudenken. Deshalb ist die Pflanze auch besser untersucht als die meisten anderen natürlichen Heilmittel. Allerdings macht auch hier die Dosis das Gift. Schon geringe Mengen frischer Blätter sind giftig. Alle Pflanzenteile schmecken jedoch extrem bitter, sodass sie selten in größeren Mengen verzehrt werden. Sobald die ersten Symptome auftreten, ist jede Behandlung sinnlos. Der Tod kann innerhalb weniger Minuten durch Herzstillstand eintreten.

BLÜTE Juni / Juli–September, purpurrot, glockenförmig
WUCHSHÖHE bis 2,0 m
STANDORT Kahlschläge

REGISTER

Taubenkropf-Leimkraut

Schmalblättriges Weidenröschen

IMPRESSUM

Umschlaggestaltung von Gramisci Editorial Design, München, unter Verwendung zweier Fotos von Frank Hecker (vorne: Giersch/Geißfuß, *Aegopodium podagraria*, hinten: Brennnessel, *Urtica dioica*)

Mit 164 Farbfotos von **Heiko Bellmann** über Hecker (S. 4/5, 30, 58, 61 links, 78, 91 unten, 105 links), **Anne Rogge** (S. 47 beide), **Markus Braun** (Autorenfoto) und **Frank Hecker** (alle weiteren). Die Fotos der Blätter wurden von Frank Hecker eigens für dieses Buch aufgenommen. Diese Bilder sind auf den Klappen zusätzlich noch einmal abgedruckt.

Mit 67 Farbillustrationen von **Sigrid Haag** (9), **Reinhild Hofmann** (1), **Gerhard Kohnle** (1), **Roland Spohn** (1), und **Marianne Golte-Bechtle** (alle weiteren). Piktogramme und Schemazeichnungen von **Wolfgang Lang**.

Das Bild auf Seite 2/3 zeigt Giersch, auf Seite 4/5 Knoblauchsrauke. Der Aufmacher auf Seite 18/19 zeigt den essbaren Bärlauch, der auf Seite 92/93 das giftige Maiglöckchen. Hier erkennt man, wie wichtig es ist, ähnliche Arten genau zu betrachten und richtig zu bestimmen.

Vielen Dank an Markus!

Die Autorin
Meike Bosch hat Biologie mit Schwerpunkt Botanik an der Universität Hohenheim studiert. Außerdem ist sie in der Umweltpädagogik und der Erwachsenenbildung, hauptsächlich zum Thema Streuobstwiesen, tätig. Ihr botanisches Wissen gibt sie in Führungen durch Parks und Botanische Gärten weiter. Von ihr ist bei KOSMOS das erfolgreiche Buch „Bäume am Blatt erkennen" erschienen.

ISBN 978-3-440-16325-2
Redaktion: Claudia Salata
Layout und Satz: Katrin Kleinschrot
Produktion: Markus Schärtlein
Druck und Bindung: Longo AG, Bozen
Printed in Italy / Imprimé en Italie

MIX
Papier aus verantwortungsvollen Quellen
FSC® C023164
FSC www.fsc.org

ESSBARE WILDKRÄUTER

Fortsetzung von der vorderen Umschlagklappe

Wegwarte, Seite 62

Huflattich, Seite 61

Klatschmohn, Seite 69

Weißklee, Seite 73

Weißer Steinklee, Seite 74

Wermut, Seite 81

Gänsefingerkraut, Seite 80

Kleiner Wiesenknopf Bibernelle, Seite 90

Beifuß, Seite 84

Echte Nelkenwurz, Seite 82